Dino Carmelo Manco Jaraba

Deterioro etnobotánica causados por los procesos mineros en el Cesar

Análisis del deterioro etnobotánica causados por los procesos mineros-ambientales en la comunidad de El Hatillo-Colombia

PUBLICIA

Impressum / Aviso legal
Bibliografische Information der Deutschen Nationalbibliothek: Die Deutsche Nationalbibliothek verzeichnet diese Publikation in der Deutschen Nationalbibliografie; detaillierte bibliografische Daten sind im Internet über http://dnb.d-nb.de abrufbar.

Información bibliográfica de la Deutsche Nationalbibliothek: La Deutsche Nationalbibliothek clasifica esta publicación en la Deutsche Nationalbibliografie; los datos bibliográficos detallados están disponibles en internet en http://dnb.d-nb.de.

Coverbild / Imagen de portada: www.ingimage.com

Verlag / Editorial:
PUBLICIA
ist ein Imprint der / es una marca de
OmniScriptum GmbH & Co. KG
Bahnhofstraße 28, 66111 Saarbrücken, Deutschland / Alemania
Email / Correo Electrónico: info@editorial-publicia.com

Herstellung: siehe letzte Seite /
Publicado en: consulte la última página
ISBN: 978-3-639-64969-7

Dino Carmelo Manco Jaraba

Deterioro etnobotánica causados por los procesos mineros en el Cesar

AGRADECIMIENTOS

Los autores desean expresar sus agradecimientos a la Fundación Universitaria del área Andina sede Valledupar, por su apoyo financiero y logístico, a Romualdo Imbrech, Alberto Mejía, Jesualdo Imbrech, Jesualdo Vega y Comunidad Hatillera, Mario Alejandro Manco Jaraba, Ana Manco Lora, Idda Manco Lora, Liyaneth Daza Oñate, Elías Rojas Martínez, Luis Galván, Anderson Duartes, Juan Martínez, Sergio Maestre y Nicolás Daza integrantes del semillero de investigación de Ecología Humana, quienes con su entusiasmo y avidez investigativa hicieron posible este estudio.

TABLA DE CONTENIDO

LISTA DE ANEXOS

LISTA DE ILUSTRACIONES

LISTA DE TABLA

INTRODUCCIÓN

El presente proyecto, es la recopilación de sucesivos y sistemáticos esfuerzos en un tema pertinente, que es el efecto del impacto ambiental minero. La investigación Memoria Cultural Etnobotánica en el corredor carbonero del Cesar, constituye un intento hacia la lucha por recuperar y mantener conocimientos ecológicos de las comunidades oriundas del corredor Carbonero del departamento conformado por municipios del centro del departamento tales como La Jagua de Ibiríco, El Paso, Becerril, Codazzi y Chiriguaná, en el que el impacto de la actividad minera hace que sea necesario que dichas comunidades sean reasentadas diasporizando el conocimiento ancestral sobre las funciones socioculturales, sociomedicinales, etnoalimenticias y ambientales de las plantas nativas que hacen parte de estos ecosistemas, así mismo tratar de confrontar que tan respetado es este aspecto dentro de los procesos de reforestación implementados por las empresas mineras que operan en estas subregiones. Este proyecto es de consideración minero- ambiental, ya que se advierte de necesidades de comprender no solo el entorno sociocultural, sino que también se relaciona con temas propios de la ecología humana, soporte epistémico de la interdisciplinariedad conocida como minero- ambiental.

La memoria de la que hacemos referencia es un proceso sociocultural en la que las sociedades a través de imaginarios y representaciones sociales tienden a involucrar ciertos episodios del acontecer político, social y cultural de las generaciones de cualquier sistema social. Por otro lado, la Etnobotánica es el estudio de los conocimientos botánicos, ecológicos y ambientales que las comunidades han adquirido gracias al arraigo territorial que empíricamente han socializado de generación en generación.

JUSTIFICACIÓN

Las constantes desigualdades entre comunidades rurales Vs minería a cielo abierto se están desencadenando muchos debates que se desarrollan sin un fundamento, sin la estructura de argumentos sólidos y sin una reflexión integral dentro del contexto social, cultural y ecológico, es por esto que el proyecto quiere alimentar estos apreciables debates con resultados obtenidos de interpretación científicas.

A través de este proyecto se pueden construir procesos interdisciplinarios e interinstitucional, sirven de insumos para crear proyectos de intervención social comunitaria en el corredor minero. se puede montar un banco de genero plasma, que salvaguarde las plantas nativas, crear un sistema de información geográfico ambiental minero en la zona.

Con esta investigación se abren campos de reflexión empírica en donde no solo los métodos son los que se discutirán sino también las tendencias epistémicas que giran sobre lo biológico o lo ancestral, de paso se arma un indicador tangible que tanto a investigadores socioculturales como a investigadores eco étnicos convida para ensayar esta experiencia en otras comunidades, para de esta manera romper con el flagelo de la agrafedad científica que tanto daño hace a nuestra región. Por medio de estas investigaciones se alimenta los resultados del grupo de investigación minero-ambiental de nuestra alma mater en aspectos como la calidad ambiental, ecología humana e impacto ambiental. El único hecho que pondría en tela de juicio tecno ético sería que empresas cosméticas, químicas, farmacéuticas, constructoras o mineras, patentaran irregularmente conocimientos étnicos divulgados en este proyecto, es por ello que hemos generado un objetivo específico con el fin de responder socialmente por esto.

El corredor carbonero alberga un estimado de 50.000 personas, desde el año 2009, la empresa multinacional Drummond Co, empezó a desarrollar el proyecto carbonífero "EL DESCANSO", ubicado en el corregimiento El Hatillo, jurisdicción del municipio de El paso, en donde se ha desviado el cauce del río Calenturitas que pasaba por el lugar y ha comenzado con un proceso de reasentamiento con las familias que asentadas en el área, lo cual generaría una migración inminente generando una pérdida de informantes claves que provocaría a su vez un deterioro en los rasgos culturales y la diasporización de su acervo cultural que etnocientíficamente se han transculturalizado debido a que históricamente su origen es la trietnización de afro descendientes provenientes del África que se encargaban del acarreo de ganado en estancias ganaderas establecidas por la corona española desde la colonia y así mismo población indígena de grupos como Chimilas y Yukpas, estos últimos asentados en la serranía del Perijá, macizo montañoso cercano a la zona. Otro caso similar es el caso del corregimiento de Rincón Hondo, en donde al parecer además de carbón, se presume que hay bauxita y cobre, este corregimiento está situado en el municipio de Chiriguaná en donde una fuerte presencia afrocolombiana y tal como sucede en el Hatillo hay todavía sujetos que dominan el arte de la Botánica con plantas nativas muchos de ellos ya sobrepasan los 60 años.

PROBLEMAS DE LA INVESTIGACIÓN

El problema de esta investigación es reflejado en la reflexión de tres procesos conexos, en primer lugar la minería como proceso extractivo que compromete la conservación de los ecosistemas, la vocación productiva de las comunidades, la aculturación de las relaciones empresa, estado y sociedad civil, lo cual debe asumirse como un cambio social y cultural en el macrosistema, tal como no los muestra Bronfenbrener.

En segundo lugar, la conservación de la identidad cultural, en virtud de los seis elementos generales de toda cultura como son el lenguaje, las creencias, valores, normas y sanciones, símbolos, idioma y tecnología. A pesar de que la era global, parte del principio de la integración cultural, esta no puede ir en contra de los seis cimientos mencionados, ya que son estos los fundamentos para construir la identidad cultural, tampoco las identidades no pueden obstruir la llegada de heterodoxas variables que componen las relaciones sociales, económicas y políticas, ya que de esta manera se generaría el etnocentrismo. También es de destacar que las identidades se conservan en la medida que existan una memoria cultural que conlleve a la legendarización y significación de las prácticas rituales que integran a toda identidad.

Finalmente, el otro proceso es el ambiental en el que es uno de los más preocupantes en este momento porque con él el clima, la calidad del aire, la calidad del suelo, las enfermedades, entran en conjunción y terminan siendo determinantes, es tan agudo este proceso que en el corredor minero, lo están solucionando con procesos territo-administrativos como es el reasentamiento proceso que consiste en construir nuevos poblados lejos de los procesos de extracción, esta aparente solución, es un proceso riesgoso ya que esta salvarguando la vida, pero no es la garantía para que las comunidades estén juntas y cohesionadas.

Es por esto que el problema es buscar irrumpir analizando cuales son las consecuencias de la actividad minera en la memoria cultural etnobotánica del corredor minero, teniendo como base a El Hatillo, sector próximo a reasentarse.

DESCRIPCIÓN

Los procesos de reasentamiento derivados de la explotación minera, han dado cambios importantes, puesto que se transforma un ecosistema rural en una zona de operación y extracción minera, que a su vez genera una migración de las comunidades que en el pasado se encontraban arraigadas en dicho territorios.

El corredor minero del Cesar, está conformado por 5 municipios que quedan enmarcado entre el norte y el centro del departamento, los municipios que hacen parte de esta subregión son Agustín Codazzi, Becerril, Chiriguaná, El paso y La Jagua de Ibírico, la población que se halla en este sector es indígena, afrocolombiana, mestiza, extranjera, en lo racial, en lo étnico, se han dado procesos migratorios diversos en los que sobresale la población oriunda del interior del país, tales como santandereanos, antioqueños, cundiboyacenses, chocoanos y vallecaucanos, como residuo de la bonanza algodonera y la actual bonanza minera.

El clima de la región es tropical seco, característica de las regiones adyacentes a la serranía del Perijá y el valle del río Cesar, por lo que el clima es cálido, la temperatura media reinante en la región es de 28° centígrados.

La población existente en los cinco municipios llegan a sobrepasar los 100.000 habitantes, siendo Agustín Codazzi el de mayor población con cerca de 53.000 personas y Becerril el de menor con apenas 15.000.

La vida de estos municipios empezó a cambiar a partir de la década del ochenta con las primeras exploraciones y explotaciones de carbón especialmente en La Jagua de Ibiríco y Chiriguana, al entrar en funcionamiento estas minas con el paso del tiempo y de acuerdo con los cronogramas de explotación pronto su frontera productiva se amplió hasta llegar a cobijar a los municipios de Becerril y El paso, donde tiene asiento la mina más prestigiosa de la región tal cual es Pribenoww o La loma, como es conocida popularmente.

Como es normal, el proceso minero ha sido fuente de nuevos desafíos para el departamento del Cesar, debido a que en su corta historia, la vocación productiva era direccionada al aspecto agrícola y pecuario y más aún estas regiones en donde la ganadería, la agricultura y la pesca eran los tres grandes renglones de la economía, los cuales a partir de la crisis del algodón y luego por la apertura económica, fueron seriamente lesionados, generando una crisis económica y política que no fue solucionada con orientaciones a campos económicos diferentes a los tradicionales, por lo que la llegada de la minería en un principio fue vista como una oportunidad de crecimiento económico, pero no como un factor de planeación y desarrollo que llevara a las estructuras sociales, económicas y políticas a diseñar agendas de desarrollo capaces de organizar de manera empresarial, educativa, sostenible y productiva el constante ingresos corrientes por medio de las regalías recibidas por los distintos entes departamentales y municipales, que dieron al traste con el manejo de estas rentas debido a su falta de preparación, ambición y mala gestión.

Para nadie es un secreto que el fenómeno paramilitar, causó una desestabilización por medio del acceso al control de las alcaldías y de sus contrataciones lo que enredo más el entorno del desarrollo, con esto no se quiere decir que las condiciones de pobreza, inequidad y desigualdad no hacían parte de la realidad social antes de lo ya descrito, pero desafortunadamente esto desdeño más las oportunidades de progreso y democracia.

Es por esto, que la sociedad cesarence debe buscar escenarios críticos de reflexión ante lo que ha pasado y lo que está pasando con el fin de que no sea esta realidad social una predestinación crítica para las nuevas generaciones, por lo que es fundamental que los nuevos profesionales tengan la vocación de incidir en el nuevo Cesar, una de las mejores maneras de participación e incidencia es la investigación en la temática sostenible.

Lastimosamente, en el departamento no se ha despertado el interés de los académicos por estudiar esta realidad no pasan de 5 los grupos y de 10 los semilleros de investigación, a través de esta investigación se busca que el ejercicio de analizar la cultura, el ambiente y el conocimiento etnobotánico ayudará a conectar el mejoramiento continuo de la proyección social, la responsabilidad social, el manejo ambiental y la gerencia de procesos y proyectos con miras a la presencia estratégica de los recursos y el dinamismo progresivo de las comunidades que ven en el pasado una forma de herencia que está amenazada por un cambio que les obstaculizaría enseñar y aprender de generación en generación sus tradiciones, creencias, ritos, imaginarios y el respeto al entorno ambiental y ecológico del cual han gozado con libertad, es por ello que se planteó un proyecto con miras a preservar los saberes étnicos, la tradición oral y la cosmovisión colectiva del ser y su esencia productiva que es amenazada por un procesos ajeno que debilita los lazos de socialización, culturización y el cual paradójicamente es la apuesta al desarrollo que tiene todo un departamento.

FORMULACIÓN

¿Cuáles serían los presuntos impactos de la actividad minera sobre los usos y prácticas que conforman la memoria cultural etnobotánica vivida por la comunidad de El hatillo, Cesar?

ANTECEDENTES

Los antecedentes sobre la temática planteada, en el territorios de el Hatillo cabecera Municipal el Paso Cesar Jurisdicción la Loma, no hay antecedentes directos de investigación, de acuerdo a información de bases de datos.

Podemos encausar esta discusión en organizar aportes que le dan vida a este proyecto, llamado Memoria Cultural Etnobotánica, si nosotros reflexionamos sobre el detalle, del título se puede asegurar que es muy difícil encontrar un concepto llamado memoria cultural etnobotánica, por lo tanto aconsejamos despegar morfológica y sintácticamente memoria cultural-etnobotánica, por ejemplo, para ello y con el fin de dilucidar tal paralelo, invocamos voces conceptuales y así como a enfoques preparados para que sean contemplados, puesto que gracias a su idoneidad se puede asimilar mejor en qué consiste cada cosa.

OBJETIVOS

OBJETIVO GENERAL

Analizar el deterioro Etnobotanico causados por los procesos minero ambientales en el Hatillo, Cesar.

OBJETIVOS ESPECÍFICOS

- Establecer los tipos de aplicación a la vegetación dadas por la comunidad.
- Ubicar exosistemicamente los procesos de explotaciones mineras que se encuentra en cercanías de la vereda El Hatillo, departamento del Cesar.

MARCO TEÓRICO

Podemos decir que la Ecología humana es una rama de la Sociología con una amplia vigencia. Este marco teórico está integrado por dos concepciones complementarias de la ecología humana; representadas por GERRALD MARTEN y URIE BRONFENBRENNER.

Para GERRALD MARTEN se deben entender la ecología humana, de la siguiente manera:

La ecología es la ciencia de las relaciones entre los seres vivos y su medio ambiente. La ecología humana trata de las relaciones entre las personas y el medio ambiente. El medio ambiente, en la ecología humana se percibe como un ecosistema. Un ecosistema es todo lo que existe en un área determinada – el aire, el suelo, el agua, los organismos vivos y las estructuras físicas, incluyendo todo lo construido por el ser humano. Las porciones vivas de un ecosistema – los microorganismos, las plantas y los animales (incluyendo a los seres humanos)-son su comunidad biológica.

La ecología Humana es el estudio de los ecosistemas, la relación del hombre y el medio. El medio es la interacción de factores bióticos y abióticos sin la presencia del hombre. El medio Ambiente es la interacción del hombre con el medio, lo anterior es complementable con una posición que contempla al ser humano de manera más integral y esta posición corresponde a URIE BRONFENBRENNER cuando rebautiza la ecología humana bajo el nombre de Ecología del desarrollo humano, la cual es definida así:

...comprende el estudio científico de la progresiva acomodación mutua entre un ser humano activo, en desarrollo, y las propiedades cambiantes de los entornos inmediatos en los que vive la persona en desarrollo, en cuanto este proceso se ve afectado por las relaciones que se establecen entre estos entorno, y por los contextos más grandes en los que están incluidos los entornos.

Por lo anterior podemos decir que la ecología humana es la interacción equilibrada entre en hombre y el medio, debido a las necesidades industriales, tecnológica, agropecuarios e hídricas, proporcionan el impacto hacia un medio pasa de local a departamental e inclusive internacional, condicionando a la sociedad a vivir en medio de una crisis permanente de alteración y vulneración ecológica.

El entorno al cual se hace referencia como locación del proyecto, hace que se necesite además de los apuntes de los dos teóricos enunciados anteriormente como referentes dentro del ambiente de la ecología humana, también se necesita utilizar un análisis contextual para poder avanzar hacia la concepción y la comprensión del mundo que tiene la comunidad del El Hatillo.

Debido al poco nivel socio educativo de esta comunidad se tuvo que aprovechar la oralidad abundante que destaca a los miembros de la comunidad; como bien se sabe que cuando estas situaciones suceden se utiliza su Tradición Oral para tener precisamente a su oralidad como fuente de información, para más claridad hemos tomado la siguiente definición con el fin de explicar la importancia de la tradición oral:

La tradición oral posee dos características comunes a todas las culturas y a todos los sujetos, que a lo largo del tiempo han sido las responsables de su aparición y de su evolución. Sin la inteligencia y la memoria no sería posible comunicar información clave para la supervivencia o mensajes afectiva y culturalmente relevantes (García y Pratt, 2008, 10).

Basado en el recorrido anterior, es oportuno considerar que la memoria cultural es una figura que no puede dejar de ser alegórica y debe visualizarse como activa, ya que como rasgo de los pueblos es un patrón que cimienta estilos de vida, prácticas. Costumbres y tradiciones las cuales son especiales puesto que le dan sentido a sus vidas. Por lo cual que es preciso entablar otro análisis el de la Etnobotánica, en donde se interactúa por medio de la socioculturalidad con la ecología, y recíprocamente la una con la otra. La Etnobotánica, es definida por J. Washberger en 1895, quien de paso la define como el estudio de las especies vegetales de los pueblos aborígenes, que es un sinónimo de Palmer y Powers, como botánica aborigen (Hurrel, 1993,5) se define como el estudio descriptivo del rol funcional de las plantas en una cultura.

Hurrel, al igual que Fowler, piensa que desde el punto de vista etnocientífico, esta... *Proporciona una calidad de conocimientos relacionados a la concepción autóctona del mundo vegetal, un nivel descriptivo que permite la interpretación posterior del comportamiento cultural, sobre todo, en su sentido. (*Hurrel, 1993, 10*)*

La Etnobotánica, se ha convertido que fortalece el interés de acercamiento entre los aspectos o características que componen al mundo de países en búsqueda de desarrollo de origen no europeo como lo es Colombia, escenificando el esfuerzo por conciliar dos nichos de reflexión tal como lo son la memoria y la etnobotánica, en donde confluyen en que los recursos metodológicos y técnicos son similares, y donde la necesidad de preservar, rescatar y mantener tradiciones etnocientíficas, puestas en riesgo por una actividad económica invasiva ejecutada en ambas subregiones del departamento del Cesar, es por eso que interdisciplinario un esfuerzo científico, se puede acertar en decisiones sociales, culturales y políticas en las que el medio ambiente no quede como algo secundario si no de prima importancia en el grupo de decisiones prioritarias, debido a que una investigación como la que se plantea aquí puede servir de herramienta de cohesión social, participación social, comunitaria y ciudadana, así como también de línea base para la formulación de un proyecto o una política social.

MARCO CONCEPTUAL

1. Afrocolombianos: Personas que habitan en Colombia, descendientes de aquellos que fueron traídos como esclavos de áfrica por los colonizadores españoles.

2. Ecosistema: Medio ambiente biológico que consiste en todos los organismos vivientes (biocenosis) de un lugar particular, incluyendo también todos los componentes no vivos (biotopo), los componentes físicos del medio ambiente con el cual los organismos interactúan, como el aire, el suelo, el agua y el sol.

3. Emisión de polvillo: Proceso que hace levantar las partículas, por medio de aluna operación.

4. Entrevista: Acto de comunicación oral o escrita que se establece entre dos o más personas (el entrevistador y el entrevistado o los entrevistados) con el fin de obtener una información o una opinión, o bien para conocer la personalidad de alguien.

5. Etnobotánica: Disciplina científica, que estudia la descripción de la concepción autónoma de la naturaleza y del mundo de las plantas.

6. Explotación minera: Conjunto de actividades organizadas para la obtención de distintos tipos de minerales.

7. Focus groups: Técnica de estudio de las opiniones o actitudes de un público utilizada en ciencias sociales y en estudios comerciales.

8. El Hatillo / Cesar : Vereda , cabecera municipal el Paso Cesar País Colombia

9. Impacto: Conjunto de consecuencias provocadas por un hecho o actuación que afecta a un entorno o ambiente social o natural.

10. Impacto ambiental: Efecto que produce una determinada acción humana sobre el medio ambiente en sus distintos aspectos.

11. Impacto cultural: Alteraciones de los esquemas previos de relaciones sociales y de los valores, que vuelven obsoletas las instituciones previamente existentes.

12. Impacto Social: Cambio efectuado en la sociedad debido al producto de las investigaciones.

13. Investigación Cualitativa: Método de investigación usado principalmente en las ciencias sociales que se basa en cortes metodológicos basados en principiosteóricos tales como la fenomenología, hermenéutica, la interacción social empleando métodos de recolección de datos que son no cuantitativos, con el propósito de explorar las relaciones sociales y describir la realidad tal como la experimentan los correspondientes. La investigación cualitativa requiere un profundo entendimiento del comportamiento humano y las razones que lo gobiernan.

14. Medio ambiente: Es el sistema global constituido por elementos naturales y artificiales de naturaleza física, química, biológica, sociocultural y de sus interrelaciones, en permanente modificación por la acción humana o natural que rige o condiciona la existencia o desarrollo de la vida.

15. Memoria cultural: Son todos los saberes populares que han pasado de generación en generación.

16. Minería: Es la obtención selectiva de los minerales y otros materiales de la corteza terrestre.

17. Plantas medicinales: Es un recurso, cuya parte o extractos se emplean como drogas en el tratamiento de alguna afección.

18. Saberes populares: Es un conocimiento social, se posee por el hecho de pertenecer a un grupo, se basa en la mera observación no hace comprobación de contenidos y se adquiere como bagaje cultural.

19. Tradición oral: forma de transmitir desde tiempos anteriores a la escritura, la cultura, la experiencia y las tradiciones de una sociedad a través de relatos, cantos, oraciones, leyendas, fábulas, conjuros, mitos, cuentos, etc. Se transmite de padres a hijos, de generación a generación, llegando hasta nuestros días, y tiene como función primordial la de conservar los conocimientos ancestrales a través de los tiempos. Dependiendo del contexto los relatos pueden ser antropomórficos, teogónico, escatológicos, etc.

MARCO LEGAL

La Ley 397 de 1997. Define un régimen especial de salvaguardia, protección, sostenibilidad, divulgación y estímulo para los BICs y las manifestaciones de la Lista Representativa, crea el Consejo Nacional de Patrimonio y define procedimientos para las declaratorias de BICs, para las intervenciones de BIC, para el diseño y aplicación de los Planes Especiales de Manejo y Protección de BIC, y para la exportación y enajenación de bienes muebles de interés cultural.

La ley 1185 de 2008. Estableció el Sistema Nacional de Patrimonio Cultural y fijó un Régimen Especial de Protección y estímulo para los bienes de dicho Patrimonio que por sus especiales condiciones o representatividad hayan sido o sean declarados como Bienes de Interés Cultural.

El Decreto 763 de 2009. También reglamenta el Art. 6 de la Ley 1185 de 2008, que modifica el Art. 10 de la Ley 397 de 1997, según el cual "Los BIC de propiedad de entidades públicas, son inembargables, imprescriptibles e inalienables." define las competencias de las autoridades y los órganos asesores del Sistema Nacional de Patrimonio Cultural de la Nación: el Ministerio de Cultura, encargado de la coordinación general del sistema, el Instituto Colombiano de Antropología e Historia, el Archivo General de la Nación, el Instituto Caro y Cuervo, el Consejo Nacional de Patrimonio Cultural, los Consejos Departamentales y Distritales de Patrimonio Cultural, los departamentos, los distritos y municipios, las autoridades indígenas, las autoridades de que trata la ley 70 de 1993.

El Decreto 763 de 2009. Define un Régimen especial del Patrimonio Arqueológico y al ICANH como la única autoridad facultada para aplicar este régimen. El decreto define también las Áreas Arqueológicas protegidas, que deberán tener un Plan de Manejo Arqueológico –PMA- aprobado por el ICANH y que, cuando se superpongan con una zona declarada como área natural protegida, se articularán con los Planes de Manejo de éstas. Los PMA deberán además incorporarse a los POT de las entidades territoriales en las cuales existan Áreas Arqueológicas Protegidas declaradas. El decreto define también los tipos de intervención sobre el Patrimonio Arqueológico y estipula que se podrán solicitar cambios de tenencia de bienes arqueológicos y se fija un plazo de 5 años para el registro de bienes arqueológicos que aún no lo tengan.

Artículo 79. La Constitución Nacional (CN) consagra que: ¨ Todas las personas tienen derecho a gozar de un ambiente sano. La Ley garantizará la participación de la comunidad en las decisiones que puedan afectarlo. Es deber del Estado proteger la diversidad e integridad del ambiente, conservar las áreas de especial importancia ecológica y fomentar la educación para el logro de estos fines ¨.

Decreto ley 2811 de 1.974. Código nacional de los recursos naturales renovables RNR y no renovables y de protección al medio ambiente. El ambiente es patrimonio común, el estado y los particulares deben participar en su preservación y manejo. Regula el manejo de los RNR , la defensa del ambiente y sus elementos.

Ley 23 de 1973. Principios fundamentales sobre prevención y control de la contaminación del aire, agua y suelo y otorgó facultades al Presidente de la República para expedir el Código de los Recursos Naturales.

MARCO HISTORICO

Pensar en el reasentamiento de una comunidad, inmediatamente hace necesario empezar a recatar de la memoria de sus viejos y viejas, de sus fundadores y fundadoras algo de la historia que nos permita construir identidad colectiva entre el conjunto de sus habitantes y les genere ganas, impulso y deseo de reconstruir un nuevo pueblo y un nuevo territorio a las personas que han hecho parte vital y activa del Hatillo.

Hacer un intento de la historia de la vereda del Hatillo del Municipio del Paso, se constituye en una fascínate aventura que hace penetrar en los recuerdos de los y las que hoy son las personas más antiguas de la comunidad.

La historia del Hatillo, busca responder algunos interrogantes sobre su realidad presente, y para ello trata de explicar desde las raíces que lo atan el pasado, con el fin de proyectar una visión de futuro tan necesaria para un reasentamiento.

La primera pregunta de la comunidad fue ¿Desde hace cuánto existe el Hatillo?

Y muy pocas personas dan cuenta de ello, ni los niños y niñas, ni jóvenes, hombres y mujeres. Realmente en el Hatillo muy pocos saben cómo fue que empezó todo, entre ellas algunas pocas personas que ya empiezan a perder los recuerdos y con ellas nadie ha conversado para hacer memoria de esto tan vital para una comunidad.

La segunda pregunta, en los primeros diálogos en reuniones con la comunidad, fue ¿Quiénes fundaron el Hatillo, de dónde venían?

Se escuchan algunas respuestas muy tímidas parea lo que hay que comenzar a conversar con los más antiguos que según los cálculos tiene hoy entre 90 y 70 años.

Pero no solo se conversa con las personas más antiguas, también hay que irse a buscar en los anaqueles de las historia del municipio del Paso y del Departamento del Cesar, para relacionar los hechos entender un poco de por qué se inicia y se funda el hatillo.

Es importante entender que la historia del Hatillo, una pequeña vereda no esté recogida. El Cesar, departamento al que pertenece, solo tiene treinta y cinco años de existencia como entidad territorial autónoma. La historia del departamento y los pueblos que lo integran, se encuentra dispersa en fuentes de variado origen y apenas empieza el esfuerzo para darle forma.

Lo que existe," Son más bien ensayos literarios de fondo socioeconómico e histórico o relaciones literarias a partir de datos sociales, económicos e históricos, acerca de los hechos locales de cada municipio. Se busca incitar a los habitantes de las diferentes comunidades a pellizcarse y comenzar a profundizar en las raíces de su propia realidad histórica, en un empeño de contribuir a construir identidad desde lo local, pero a partir del esfuerzo de los propios protagonistas y no tanto desde las verdades consagradas por historiadores profesionales."

Para llegar a Hatillo y entender algunos de los elementos de su conformación histórica, hay que hacer una demarcación en términos del territorio del que hace parte, para lo que se hace necesario entregar algunos elementos claves sobre el departamento del Cesar y sobre el municipio del Paso.

DEPARTAMENTO DEL CESAR

El Medio Biofísico y Geográfico

El departamento del Cesar es un territorio localizado en el sector nororiental de la Republica de Colombia. Región de feraces tierras, variados climas, abundantes aguas y grandes yacimientos de minerales, cuya extensión total es de 22.905 Km2, repartidos en 25 municipios.

Precisamente, el nombre de departamento fue tomado del rio más importante que cruza su territorio en dirección norte-sur: El Rio Cesar. El Cesar era llamado por los chimila, tribu indígena que habitaba en su costado occidental, con el nombre de Pompato, que para estos aborígenes significa rio de los ríos o río de ríos.

Por su parte los indios Tupe –que habitaban el costo oriental del rio, lo llamaban en su lengua con dos nombres Zazari o Che-izar- de donde se formo el nombre de Cesar. Che significa agua y con el nombre de che-jui significan agua que corre con violencia.

Se distinguen 4 aéreas econaturales. Hacia el norte domina la Sierra Nevada de Santa Marta, en el costado orienta el sistema montañoso de la serranía del Perija o de los Motilones. Como tercera región se identifica la llanura central, conformado por el norte del corredor Cesar, los valles del Cesar y el Ariguani. Finalmente, existe la región cenagosa, complejo lacustre que se forma en el entorno de la Ciénaga de Zapatoza.

Las condiciones fisiográficas de la región son factor determinante de las características económicas, culturales y sociales de las gentes de la región: **las y los pobladores de las llanuras del norte y los valles de los ríos, torno a la ganadería, la agricultura y la pesca, en el centro y sur, como es el caso del municipio del Paso y la vereda del Hatillo;** mientras que en las regiones serranas, se dan condiciones apropiadas para la producción agrícola propia de climas característicos de la región andina del interior del país, lo que genera un potencial de riqueza productiva y condiciones especiales para el desarrollo agroindustrial.

Arqueología Regional

La diversidad cultural de las diferentes regiones y la conformación de unos patrones propios, acordes con las condiciones fisiográficas del medio, que favorecieron las condiciones de ocupación y el desarrollo de una cultura enmarcada en las circunstancias materiales, han permitido que los investigadores identifiquen en la región Caribe de Colombia, siete subregiones arqueológicas.

Dichas subregiones arqueológicas son: Corredor costero, Uraba -Alto Sinu; Depresión Momposina; Guajira –corredor- Cesar; Sierra Nevada de Santa Marta; Catatumbo, subregión insular y corredor costero.

La subregión Depresión Momposina, que abarca territorio de tres departamentos, se extiende asta el Cesar, tocando territorio de los municpios de Chimichanga, El Paso, Astrea, Chiriguana, Curumani y Tamalameque y conforma un valle fértil, sujeto a inundaciones, ocasionadas por el aumento del caudal de las ciénagas, durante el periodo de lluvias, fenómeno que se incrementa con la corriente inversa del rio Cesar, el cual corre de norte a sur, pues nace cerca del mar y desemboca lejos de él, en el Rio Magdalena, después de atravesar la Ciénaga de Zapatosa- la más extensa del país y generar un choque por la dirección en contravía con las aguas del Rio Magdalena.

Llamo la extensión del sociólogo e historiador costeño Orlando Fals Borda, quien acuño la expresión de cultura anfibia, para referirse a las condiciones de vida de la región.

Poblamiento negro y blanco durante la colonia

Siguiendo afirmaciones hechas por cronistas del siglo XVI, entre ellos Juan de Castellanos, resulta paradójico que las primeras migraciones o presencia foránea que se dio después del descubrimiento, hacia la región del actual departamento del Cesar, no fue de blancos europeos; si no de negros, fugitivos provenientes de Santa Marta y Maracaibo. Grupos que construyeron sus estancias en las estribaciones de la Serranía Del Perijá, con cuyos habitantes ancestrales mantuvieron tan buenas relaciones, que llegaron al cruce de ancestrales, dando origen así a un proceso de sambaje inicial, previo a la llegada del blanco.

Antes de llegar a Cartagena, donde las autoridades los someterían a revisión, los negreros desembarcaban en puntos estratégicos de los cuales el principal era Riohacha- a un buen número de esclavos que introducían ilegalmente por las rutas secretas del contrabando. Estas rutas fueron en gran medida el eje del proceso regional del país durante toda la colonia.

Fue así como en la antigua provincia de Santa marta, en lo correspondiente al actual departamento del Cesar y su área de influencia, se fueron formando asentamientos como El paso del Adelantado (entre 1590-1610).

Poblamiento y sistema de producción colonial

- El desarrollo agrícola y ganadero en lo que hoy es el Departamento, tuvo como epicentro la hacienda, el hato y la estancia agrícola, cuyo mayor desarrollo estuvo en el entorno de Valledupar, El paso, Chiriguana, La Jagua de Ibirico, Tamalameque y Aguachica.

- Las haciendas más fastuosas, eran pertenencias de familias Momposina.

- En torno al haciendo se fueron definiendo patrones culturales, sociales, económicos y políticos. Las haciendas y hatos conformaron verdaderos emporios económicos y sociales, hasta el punto de que los avances técnicos y sociales, lo mismo que las comodidades y el confort eran traídos del exterior, primero a las casas de las haciendas antes que a los pueblos.

- El elemento humano, que como fuerza de trabajo hizo los mayores aportes al desarrollo productivo y en gran parte cultural, en los centros de producción económica, fue el negro. En su calidad de esclavo de hatos y haciendas al mismo tiempo como miembro de la servidumbre domestica: con su cargo, hábitos, costumbres y tradiciones, contribuyo grandemente a la conformación de lo que sería el decantado histórico, anímico y espiritual del ethos cultural, hombre cesarense de hoy, especialmente en la región central y ribereña del actual departamento.

- El desarrollo minero durante el periodo colonial fue incipiente.

- La pesca como renglón económico importante y de subsistencia e incluso de producción agrícola y agroindustrial, fue opacada por el notable desarrollo de la ganadería.

- Por la escasez de mujeres involucradas en el proceso de la conquista, especialmente en lo que corresponde a la población blanca y negra, el patrón étnico que se fue imponiendo fue el mestizaje y el sambaje.

Líneas del poblamiento en el siglo XVIII

Al iniciarse el siglo XVIII el panorama urbano de la región estaba representado por un escaso número de núcleos poblacionales, con baja densidad demográfica. Entre estos asentamientos se destacan Valledupar, Valencia, Tamalameque, Becerril, **El Paso**, Chiriguana, Puerto Real, Simaña, San Bernardo, Rio De Oro y Gonzales.

La llegada de los frailes capuchinos durante la última década del siglo XVII a la región, se constituyó en un hito que incidiría notoriamente en el ordenamiento del territorio. La nueva política de la corona era la de reorganizar a la población, para lo cual asumieron como estrategias la creación de nuevos poblados, como base en la reducción de grupos indígenas del pie de monte del Perija. Lo cual dio como resultado nuevos asentamientos.

El reordenamiento poblacional adelantado por José Fernando de Mier y Guerra que en la región tuvo lugar entre 1747 y 1752, dejo como resultado una nueva organización de los núcleos urbanos y económicos importantes y su entorno poblacional.

Independencia y cambio en el siglo XIX.

El siglo XIX fue el siglo de las guerras en el país. El departamento del Cesar, el teatro más apropiado para la definición de batallas y escaramuzas militares. Entre ellas se destacan Chiriguana, Tamalameque, San Bernardo, Simaña y Puerto Real.

La libertad de los esclavos del vientre, inicialmente y la manumisión definitiva a mediados de siglo la prohibición del trafico negrero y la posibilidad de integrarse social y culturalmente a la nueva nacionalidad, representaron un hecho definitivo en la conformación de un nuevo ethos. Este hecho se constituyó en el punto de referencia definitivo para la definición del ser cultural de lo que podríamos considerar el hombre y la mujer vallenatos de hoy, cuya tipicidad es más dominante en el norte y centro del departamento.

Otro de los hechos de singular importancia, derivados de las medidas político- administrativas que resultaron de la independencia, lo constituyo la creación oficial de las primeras escuelas públicas a partir de 1821en Valledupar, Valencia, **El Paso**, Tamalameque, Chiriguana Y Puerto Real.

Por otra parte, se asumieron nuevas y practicas determinaciones de beneficio social. En cuanto a las nuevas disposiciones sobre expropiación, tenencia y explotación de la tierra, se dio un viraje que permitió el desarrollo de la economía, que a partir de la época tomo nuevo rumbos, orientados por la producción autónoma, el incremento de los monopolios de estado; el énfasis de la actividad comercial sobre la producción de hatos y haciendas y el desarrollo de la libre empresa; lo mismo que la intensificación del contrabando en forma desmedida.

La serie de guerras civiles que durante todo el siglo azotaron la nación, frenaron su desarrollo y también el de la región costeña.

El permanente proceso e agrupamiento y reagrupamiento territorial de las provincias y en general del país, no permitió la consolidación de un desarrollo económico, social, político y cultural en el país y, por tanto, en la región. En ese proceso se dio una diversidad de entes creados y desaparecidos, departamentos y provincias conformados a su vez por provinucias, cantones, municipios y parroquias.

Desarrollo Regional En El Siglo XX

Al comenzar el siglo XX, en el territorio de lo que hoy es el Departamento del Cesar solo existía la tercera parte de lo que hoy son sus 25 cabeceras municipales, Las 8 restantes tiene origen, surgen o parecen durante este siglo

Si en los siglos anteriores el factor determinante de poblamiento y origen de poblaciones fue el rio y el camino, en el siglo XX fueron la carretera y el ferrocarril, acompañados de nuevos procesos socioeconómicos y hechos políticos.

La guerra de los mil días

Este acontecimiento político con el cual despierta este siglo, tiene gran incidencia no solo en las costumbres, en cuanto polariza en forma radical los enfrentamientos entre liberales y conservadores .También tuvo impacto en lo demográfico, en cuanto que la definición de armisticios en territorio del departamento, y al realización de algunas de las últimas batallas de la lucha partidista, trajo consigo la desbandada en ambos frentes; con deserciones de soldados provenientes en su mayoría de los departamentos del interior, como los Santanderes, Boyacá, Cundinamarca ,Huila y Tolima. Muchos de estos, adolecentes aun, fueron adoptados por familias nativas, posteriormente constituyeron hogar en muchos pueblos, contribuyendo a dinamizar la demografía local. También quedaron diseminados a lo largo de todo el departamento algunos venezolanos que habían venido a reforzar las huestes liberales.

Proyectos mineros de los años 40

Los proyectos agroindustriales de los años veinte, más la apertura de vías, no solo determinaron los nuevos procesos de poblamiento, sino que permitieron la identificación de algunos recursos mineros que atrajeron la presencia de empresas, que además de iniciar los procesos de explotación, llamaron la atención de inversionistas y personas interesadas en la minería.

Se había dado inicio a un proceso que continuaría en décadas posteriores. Con la actividad de estas empresas explotadoras quedaban al descubierto los primeros yacimientos minerales industriales como el petróleo y el carbón en territorio del entonces municipio de Chiriguana, del cual se segregarían más tarde Curumani, El Paso y la Jagua de Ibirico, conformando así el centro minero del Departamento del Cesar hoy.

La primera mitad del siglo XX, finalizada en el país con gran convulsión política conocida como la época de la violencia, que se inicia el 9 de abril de 1948 con el asesinato del caudillo liberal Jorge Eliecer Gaitán. Los sucesos adquieren particulares características en el interior del país, en donde el enfrentamiento entre liberales y conservadores, traerá como consecuencia el éxodo masivo de poblaciones enteras hacia tierras en donde no estuvieron radicalizados los odios partidistas y la Costa Caribe se había caracterizado por ser uno de estos territorios, en donde al menos, el conflicto no se había radicalizado.

En los municipios como la Jagua de Ibirico y Becerril, la migración se convirtió en un fenómeno masivo, con un crecimiento inusitado de la población y el surgimiento de barrios subnormales, insuficiencia de servicios públicos, crecimiento de la economía informal, la inseguridad, el desempleo y el costo de la vida, especialmente en los arriendos. Fenómenos en gran medida ocasionados por la mano de obra y población flotante que no encontró en las minas la respuesta apropiada a sus expectativas.

Pero antes de que se iniciara la explotación del carbón en el centro del Departamento, ya en el norte, centro y sur, y como una salida a la crisis generada en los mercados de la fibra de algodón, causante de la caída de losa preciso internacionales, como una consecuencia del abaratamiento de fibras sintéticas derivadas del petróleo, se había impulsado el cultivo de palma africana, arroz y frutales, en regiones que representan nuevos puntos de atracción para trabajadores provenientes de otras regiones del país, que llegaron a Codazi, El Copey, Pelaya San Alberto Y San Martín. Con estos cultivos también aparecieron los inversionistas interesados en las explotaciones agroindustriales y la creación de empresas del sector.

Las micro-regiones eco –culturales

1. **Microregión Montañera,** llamada así por su ascendencia poblacional y ecológica con las llamadas Montañas del Magdalena, departamento del cual se nutre en sus orígenes, gran parte de la población de la región. Comprende el sector nor-occidental del Departamento, en lo que corresponde a los municipios de El Copey, Bosconia, Astrea y parte de El Paso.

2. **Microregión de la cultura Anfibia.** Se ubica en torno a la parte baja del Rio Cesar y la Ciénaga de Zapatoza, en lo que corresponde la subregión arqueológica de la Depresión Momposina; con vínculos socioeconómicos, históricos y culturales, enraizados con la ciudad de Mompos y un desarrollo económico basado en la agricultura, ganadería y pesca. Abarca la parte occidental de los municipios de Chiriguana, Curumani y parte de El Paso.

EL PASO DEL ADELANTADO "TIERRA DE ACORDEONES Y JUGLARES

En torno a los orígenes de El Paso, lo mismo que con relación a su nombre, existen algunas versiones que es necesario aclarar, por cuanto la tradición oral, de bastante aceptación y credibilidad generalizada, se ha encargado de deformar, los pocos datos históricos y referencias documentales que existen al respecto.

Una de esas versiones y de las más difundidas acerca del origen del pueblo, es que este fue fundado en el año 1700por el adelantado Español, Aníbal Paleólogo Becerra, de cuyo paso por la región se habría derivado el nombre de El Paso del Adelantado. Versión esta que se oficializa cuando se le referencia en los diagnósticos de los planes municipales de desarrollo y algunos otros documentos oficiales.

Como puede inferirse por el texto citado, en 1650 no se conoce de la existencia de El Paso del Adelantado como pueblo, sino como un a región, que recibió el nombre a partir de un suceso, del cual hacen referencia varios cronistas de la época.

Sin embargo, José Nicolás de la Rosa, quien escribe en su obra dos siglos después de los sucesos en mención, señala que:

"el adelantado Bartolomé de Aníbal Palilogo (sic) dio su nombre a El Paso del Adelantado, por haber pasado a esta sabana desde la de Calenturas por el vado que tiene allí el Rio Cesar, cuando se hizo la segunda conquista, y fundado allí el primer hato de ganados mayores menores y al intentar titular sobre esta hacienda, para concédeselo el rey le mando que fundase dos ciudades. Dio lugar a la primera que puso por nombre Becerril del Campo... y antes de fundar la otra murió el adelantado quedando el hato con aquel apelativo".

Por lo general en donde había o se tenía un hato ganadero se construían las haciendas y esto ocurrió en la región de El Paso del Adelantado, en donde se construyeron y tuvieron gran renombre ya en el siglo XVIII, muchas haciendas como la de Santa Barbará de las Cabezas, Santa Barbará de Verdecía, Las Campusanas, Nuestra Señora del Carmen de Calenturas, La Marquesana, Soledad y Leandro, siendo Las Cabezas la más notable de todas.

Durante la segunda mitad del siglo XIX, el protagonismo en la distribución y posesión de las haciendas, corresponde a la familia Trespalcios y en especial su cabeza principal, don Oscar, de quien dice Stiffler, que "*ha construido una posesión distinta para cada uno de sus hijos. Y ha tenido la precaución de cada uno pueda circular libremente en su domino particular sin molestar al vecino*". Otro aspecto relacionado con el protagonismo de esta familia, se infiere de la observación hecha por el mencionado autor, en el sentido de que "*todos los negros de la comarca llevan el apellido Trespalacios, según es costumbre general de los países españoles. Relación que obviamente no implica vínculos de sangre".*

De todo lo dicho, no se puede concluir sino que el origen real del pueblo actual sigue siendo una incógnita no despejada aun, aunque se tienen noticias de su existencia a finales del siglo XVII, como epicentro de las acciones emprendidas contra los indios Chimila, al respecto de lo cual de la Rosa en el capítulo XV de su obra, señala que El Paso era el epicentro de acciones oficiales contra los indios Chimila.

Igualmente para comienzos del siglo XVIII, se tiene una noticia sobre el estado de El Paso, que apunta a garantizar un satisfactorio estado de prosperidad, por cuanto ya ostenta la categoría de Parroquia, dependiente de Valencia de Jesús. Al respecto señala de la Rosa que "veinte y tres lenguas de la ciudad de Pueblo Nuevo (Valencia), hacia occidente, y en su misma jurisdicción esta la parroquia de San Antonio, del Paso Adelantado. Es su propio cura Don Francisco Félix de la Madrid, hijo de la ciudad del valle". Los habitantes de la parroquia son descritos como agregación de españoles y otra gente libre que vivía con las armas permanentes en la mano, debido al asedio de constante de que eran objeto por parte de los Chimila, especialmente los de la región de Garupal, que los hostilizaban con incisiva frecuencia.

Para la misma época, describe de la Rosa el entorno como un hato populismo de propiedad de Verdugo y Coello "que fue la conquista de Chimilas con el señor obispo Baños". Y al mismo tiempo, la región de El Paso del Adelantado, se había constituido en epicentro económico de gran importancia, por cuanto la ganadería local la base del sustento de muchos pueblos en la región.

Las condiciones derivadas de la riqueza ganadera se veían desde entonces complementadas o ampliadas con las que contiene el subsuelo, que aunque no explotado entonces ni ahora, ya se veían en el mineral de hierro posibilidades de explotación. Sin embargo, las condiciones de despoblamiento no permitían su aprovechamiento, localizada en la sabana de Calenturas y adscrita a la de San Antonio de El Paso; atribuye como causa de no-explotación; pues en general, la gente desconoce la existencia de dichas minas, ya que como el señala, solo se hallan algunos hatos bien crecidos, que son propiedad de vecinos de Mompox, con alguna gente libre agregada a dichos hatos.

También se afirma que los hatos existentes no solo son de vecinos de El Paso, sino y sobre todo, de vecinos de la provincia de Cartagena y singularmente "los caballeros de la villa de Mompox han venido a fundarlas, y las tienen gruesísima" Refiriéndose a las características de algunos hatos encontrados en recorrido, que dato de 1758, dice el autor:

"El ato llamado de las Campuzanas, cuando yo pase, tenía unas diez y seis mil cabezas de ganado, y era de unas señoras de Mompox y Marques de San Fernando, don Fernando de Mier, tenía un atoque llegaba a cuarenta mil reses y don Blas de Godoy tenía otro de diez a doce mil cabezas. Y de aquí podrá inferir cuanta abundancia hay en aquellos valles"

"En 1781 se erigió en la parroquia el sitio de San Marcos de Paso del Adelantado; que el obispo diocesano Don Francisco Nabarro (sic) de Acebedo le señalo por termino de jurisdicción, las agregaciones comprendidas en lo espiritual, desde las orillas del rio Agrupar (sic) hasta la entrada del Ariguani al rio Cesar, y desde las haciendas de Nuestra Señora del Carmen de Calentura, hasta la frente del rio Ariguani, según se refirió del título de primer cura"

El testimonio señala ya un cambio de denominación de la parroquia de San Antonio, por el de San Marcos del Paso del Adelantado, que aparece con una jurisdicción bastante extensa representada en sus agregaciones. Este cambio llama a conjeturas acerca del posible esplendor que ya había adquirido la población para la fecha con base en su desarrollo ganadero, pues en la iconografía católica, a San Marcos se le acostumbra representar acompañado de un león, pero la imagen que aún se conserva en la iglesia de El Paso, en vez de león tiene de compañía a un toro.

De acuerdo con versiones recogidas de la tradición oral local, los primeros pobladores de El Paso hicieron su asentamiento ubicado entre lo que hoy es la estación del ferrocarril y el corregimiento de El Vallito en el sitio llamado Mata Redonda, este asentamiento, por causas desconocidas, por hipotéticamente por acción de los terribles vecinos chimilas, fue incinerado totalmente; sus habitantes buscaron un sitio más adecuado aproximadamente a la Ciénaga de San Marcos y al Rio Ariguani, y se ubicaron en el sitio que hoy es conocemos como tal, sin que se conozca fecha precisa de dicho traslado.

Para 1821, cuando se comenzaba a originar la Republica, El Paso se constituye en eje importante del circuito de correo que desde Bogotá comunicaba con Valledupar, siendo Don Esteban Pupo su primer administrador. Dos años después, en 1823 se establecería allí la primera escuela unitaria, como aplicación de algunas de las decisiones y medidas tomadas en el Congreso de Cúcuta.

En 1829, al quedar la provincia de Santa Marta dividida en cantones y estos a su vez con formados por villas, parroquias y agregaciones, **correspondió a El Paso la categoría de parroquia, adscrita al quinto cantón de Chiriguana.**

Al proclamarse la Constitución de 1886, en el país obtenía un nuevo formato en cuanto al ordenamiento de sus entes territoriales. Los municipios del departamento del Magdalena, creados en ese marco, fueron organizados en las provincias de Santa Marta, El Sur, Valledupar y Padilla. **La provincia de Valledupar a su vez estaba conformada por los distritos de Valledupar, Espíritu Santo o el Pueblito, Chiriguana y Chimichagua, correspondiendo al distrito de Chiriguana, los pueblos de El Paso y La Jagua de Ibirico.**

Su territorio se caracteriza por contar con una topografía completamente plana y cubierta de tierras anegadizas y playones en el occidente y extensas sabanas de suelos alcalinos y en gran parte desérticos en el centro y oriente municipal. La situación no permite que sus suelos sean aptos para la agricultura, expto en algunas zonas para el cultivo de arroz, maíz y pan coger. Pero esa condición se ve compensada con sus riquezas que alberga el subsuelo.

En el aspecto hidrográfico, se destacan los ríos Cesar, Ariguani y Calenturitas. De igual manera cuenta con la Ciénaga de El Paso y el ecosistema cerrado Mata de Palma, localizado al sur, en límites con el municipio de Chiriguana. Las condiciones del suelo de sabanas y playones, han constituido el factor potencial para el desarrollo de la ganadería, aspecto en el que se ha caracterizado desde el siglo XVI, cuando se inicio el desarrollo de la ganadería en Colombia, precisamente en el área de territorio que hoy conforma el municipio.

Las autoridades y habitantes del municipio, tienen depositada su confianza en los resultados que arrojan las investigaciones de las regalías provenientes de la explotación de las minas de carbón del corregimiento de La Loma, cuyo mayor contrato fue suscrito con la firma americana Drummund. Al entrar en su máximo rendimiento durante el periodo de explotación, la mina podrá llegar a producir diez millones de toneladas de carbón al año y generar 1.200 empleos directos. Produciendo para Colombia, el departamento del Cesar y el municipio de El Paso una serie de resultados que van desde el pago de las regalías, la capacitación de personal, construcción de viviendas, hasta nuevos y modernos sistemas de transporte para conducción del producto a los puertos de exportación. Todo lo cual, necesariamente, deberá reflejarse en un cambio significativo de las condiciones de vida de sus habitantes.

Ya en el siglo XX, la historia oral cuenta que el 26 de mayo de1919, El Paso fue incendiado nuevamente en su segundo asentamiento, esta vez por Eusebio Ayala, un monpoxino apodado "Rapelo", quien al parecer actuaba obedeciendo órdenes de uno de los gamonales de la región. Los paseros, sorprendidos y desconcertados, desconocedores de las causas del incendio y del producto que utilizo para provocarlo y dadas las características del mismo, le dieron mucha resonancia al episodio que fue consagrado para la posteridad en la famosa canción del folclor popular conocida con el título de La Candela Viva, que atribuida a la autoría de la cantadora de Chimichagua Inés Chacón, fue popularizada en la voz y acordeón de los hermanos Duran Díaz y de su madre Juana Francisca Día Villareal, nacida en la Jagua de Ibirico.

Durante la primera mitad del siglo XX su desenvolvimiento sociopolítico estuvo circunscrito a las relaciones de dependencia del municipio de Chiriguana, con el cual se comunicaba principalmente a través del Rio Cesar, que en tiempos de invierno era navegable en lanchas a vapor, canoas de mayor calado y posteriormente en botes motorizado y champanes.

MARCO SOCIAL

El marco social de estas comunidades, se resuelve que el grado de necesidades básicas insatisfechas demuestra que el progreso socioeconómico no ha dependido del factor minero, sino por el contrario que ha sido un factor de poco aporte. Tabla No.1

Nombre Municipio	Personas con NBI		
	Cabecera	Resto	Total
VALLEDUPAR	27.23	63.37	32.74
AGUACHICA	36.03	72.85	41.90
ASTREA	62.83	78.57	70.86
BOSCONIA	49.39	57.78	50.20
CHIMICHAGUA	56.96	72.27	66.64
CURUMANI	41.46	60.76	47.89
EL COPEY	46.19	65.62	51.17
GAMARRA	43.29	59.41	50.52
GONZALEZ	30.90	73.39	66.33
LA GLORIA	52.46	56.32	54.77

Tabla 1: Necesidades básicas insatisfechas del cesar (NBI)
Fuente: Cesar en cifras 2007- 2008.

El escenario de discusión conlleva que en El Hatillo, la situación no es tan diferente, la cobertura de servicios públicos, es muy precario tan solo el 3% de los 656 habitantes tienen alcantarillado, 45% energía, 52% acueducto, este último funciona 3 horas al día.

El tipo de vivienda que los habitantes poseen es vivienda con un 96% y casa lote 4%, con respecto al estado o apariencia se encuentra que en mal estado 42%, muy malo 47%, regular 6%, bueno 5%.

Comparado con los diferentes materiales de construcción que tienen las familias de El Hatillo, se encuentra que las casas que están construido en madera y barro (bahareque) 64%, barro y ladrillo 5%, casa de barro 20%, madera 4%, en ladrillo 5%, otros 2 %.

El número de familias por vivienda es de 1 familia por casa 62%, 2 familias por casa 13%, 3 familias por casa 6%, 4 familias por casa 2%, 6 familias por casa 1%.

La ocupación u oficio de los habitantes del Hatillo está relacionada con la información del sisben anterior demostrando que la vulnerabilidad y la pobreza son procesos que componen la dinámica socio económica de la población.

Las ocupaciones u oficio de estas personas son las siguientes: Actividades del hogar 87%, obrero en palma 17%, jornalero.

Además de lo anotado en el análisis anterior se tiene que hacer mucha referencia a que procesos como la cocción de alimentos están relacionados con los procesos de vulnerabilidad y pobreza ya que cocinan en leña 38%, en gas 25%, mixto 36%, otros 1%.

El corredor minero sigue siendo uno de los territorios con mayor vulnerabilidad en el tema de acceso de la población a salud, en el que hay una marcada de desigualdad en aquellos que son usuarios del régimen contribuido y el régimen subsidiado,

La salud es una referencia critica dada que el énfasis de los documentos públicos nacionales como internacionales como los objetivos de desarrollo del milenio priorizan la disminución de mortalidad infantil y desafortunadamente los municipios que componen el corredor minero del Cesar está lejos de cumplir esta meta internacional esto se puede comprobar con los guarismos de la tabla No.2 siguiente.

La cifra sobre cobertura de educación demuestra que existe un comportamiento homogéneo en la calidad y la cobertura de los diferentes niveles de educación en los cinco (5) municipios del corredor minero.

Municipios	Matricula Total 2009			Matricula Total en edad escolar 2009			Población en Edad Escolar 5-17 años Dentro del Sistema	Cobertura bruta	Cobertura neta	Población por Fuera del Sistema
	Oficial	Privada	Total 2009	Oficial	Privada	Total 2009				
AGUACHICA	24.344	3.070	27.414	19.953	2.141	22.094	25.860	106%	85%	3.766
AGUSTÍN CODAZZI	20.415	1.071	21.486	15.360	838	16.198	16.589	130%	98%	391
ASTREA	5.905	50	5.955	5.238	20	5.258	6.282	95%	84%	1.024
BECERRIL	7.743	124	7.867	5.136	115	5.251	4.578	172%	115%	- 673
BOSCONIA	9.401	396	9.797	8.202	361	8.563	10.732	91%	80%	2.169
CHIMICHAGUA	12.853	133	12.986	10.612	92	10.704	10.376	125%	103%	- 328
CHIRIGUANÁ	8.296	353	8.649	6.916	259	7.175	6.507	133%	110%	- 668
CURUMANÍ	9.762	228	9.990	8.489	216	8.705	8.255	121%	105%	- 450
EL COPEY	8.506	742	9.248	7.317	662	7.979	8.199	113%	97%	220
EL PASO	9.229	251	9.480	7.329	243	7.572	7.098	134%	107%	- 474
GAMARRA	3.791		3.791	2.860		2.860	4.502	84%	64%	1.642
GONZÁLEZ	1.449		1.449	1.069		1.069	2.366	61%	45%	1.297
LA GLORIA	3.963	20	3.983	3.586	20	3.606	4.183	95%	86%	577
LA JAGUA DE IBIRICO	9.214	136	9.350	8.093	131	8.224	6.879	136%	120%	- 1.345
LA PAZ	7.599	550	8.149	6.174	498	6.672	6.846	119%	97%	174
MANAURE	2.820		2.820	2.360		2.360	3.848	73%	61%	1.488
PAILITAS	4.925	108	5.033	4.301	104	4.405	4.826	104%	91%	421
PELAYA	4.575		4.575	4.033		4.033	5.418	84%	74%	1.385
PUEBLO BELLO	7.067		7.067	5.206		5.206	6.814	104%	76%	1.608
RÍO DE ORO	3.829		3.829	3.417		3.417	4.000	96%	85%	583
SAN ALBERTO	5.644	489	6.133	5.018	364	5.382	6.318	97%	85%	936
SAN DIEGO	4.894	418	5.312	3.931	409	4.340	4.081	130%	106%	- 259
SAN MARTÍN	5.250	89	5.339	4.731	85	4.816	5.507	97%	87%	691
TAMALAMEQUE	5.945		5.945	4.856		4.856	4.192	142%	116%	- 664
TOTAL	187.419	8.228	195.647	154.187	6.558	160.745	174.256	112%	92%	13.511

Tabla 2: Cobertura de la educación

Fuente: Cesar en cifras 2009 - 2010

Comparado lo anterior en el caso de el Hatillo encontramos que el grado de escolaridad de los habitantes del hatillo es a duras penas regular, debido a que el 41% ha completado la primaria, el 22% no ha completado la secundaria, el 15 % concluyo la secundaria, el 7% no tiene ningún grado de escolaridad y apenas el 2% está desarrollando o está concluido algún proceso de educación superior.

METODOLOGIA

TIPO DE INVESTIGACIÓN.

Esta investigación se trata de un estudio etnobotánica (saberes producidos por la interacción entre sociedad y uso de las plantas (SIEHC) cualitativo.

LÍNEA DE INVESTIGACIÓN

Minero ambiental

POBLACIÓN Y MUESTRA

El Hatillo posee una población de 656 habitantes (niños, jóvenes, adultos, ancianos), con características Afrocolombianos. Su actividad Económica se basa en la ganadería, agricultura, pesca y otros.

La Metodología empleada en esta comunidad fue el Focus Groups, Entrevista, Diario de Campo, Fotografías, Video y Muestras taxonómicas

CARACTERÍSTICAS GENERALES DE LA POBLACIÓN

La población consultada (Hatillera), tiene como características principal el ser afrocolombianos, dedicados a la cría de cerdos, ganado bovino, pesca y productos agrícolas, en el momento del estudio residían 656 personas. IlsutraciónNo.1

Ilustración 1: Cría de cerdo y de gallinas

CRITERIOS DE SELECCIÓN DE LA MUESTRA

Se aplica muestreo no paramétrico, debido a que este tipo de estudio no es estratificado, ni aleatorio, es por el contrario intencional, dado que la población es escogida basados en los criterios de natividad, edad, sexo, oficio y experiencia sociocultural con el objeto de estudio.

Por lo tanto se aplicó un muestreo conocido con el nombre de Bola de Nieve, en el cual los participantes o informantes señalan a otros informantes que según ellos poseen información relevante gracias a su edad, tiempo de permanencia en la zona o experiencia con el tema, es por esa razón se hicieron 2 Focus Groups.

Una de las características del muestreo cualitativo es la adecuación y la suficiencia, como adecuación se entiende que para hablar de muestra adecuada ésta debe estar conformada por personas o grupos representativos de la comunidad que aportarían la mayor cantidad de información sobre el tema tratado. La suficiencia, se explica cómo en la medida que no existe un número fijo o definitivo, debido a que la dinámica muestral no cesa, ya que este es un proceso de consulta permanente con los sujetos que se convierten en fuentes o instrumentos de información que en el caso de este proyecto denominamos *informantes claves.*

INSTRUMENTOS PARA LA RECOLECCIÓN DE LA INFORMACIÓN

Para este estudio se tuvo en cuenta técnicas como:

- Focus Groups
- Entrevista
- Diario de Campo
- Fotografías
- Video
- Muestras taxonómicas

INTERPRETACIÓN DE LA INFORMACIÓN.

Esta actividad se hizo por medio de procesos como:

- Transcripción de fuentes orales.
- Análisis categorial.

RESULTADOS

Mediante esta investigación se logró conocer la importancia de las relaciones que se dan entre el campesino y su entorno, en específico con la flora, a través del cual obtienen sus ingresos económicos, alimentos, medicinas entre otros beneficios. Sin embargo más allá del simple utilitarismo, el campesino otorga un profundo significado a la naturaleza desde el punto de vista estético, emocional y cultural.

El conocimiento de plantas en esta zona es bastante amplio, desde niños hasta adultos mayores conocen e interpretan los saberes etnobotánicos, que han pasado de generación en generación, principalmente son manejados por personas que sobre pasan los 60 años; estas personas fueron consideradas como informantes claves, a pesar de que fue un grupo pequeño de 16 personas, sus aportes resultaron bastante significativos. A este grupo le corresponden personas nativas, personas que han tenido siempre una relación directa con la naturaleza y sus distintos usos, manifestada en su interés en la salud de la comunidad. Ilsutración No. 2

A partir de la información recopilada por medio de informantes claves, adultos mayores, adultos, jóvenes y niños se encontraron 35 especies de plantas de uso medicinal.

En la Tabla No. 3 se pueden observar la clasificación etnobotánica general aportada por las personas nativas de esta comunidad, como ilustración de la forma en que se organizó la información proveniente de cada uno de los subgrupos con que se realizó el trabajo dentro de la vereda. En la Tabla No.4 las plantas de uso frecuente podemos encontrar las especies mencionadas principalmente por los informantes adultos mayores, adultos, jóvenes y niños. En la tabla No.5 las plantas de poco uso por parte de los habitantes del Hatillo.

De acuerdo con la revisión bibliográfica sobre la fotoquímica de las especies colectadas e identificadas, encontramos, que la gran mayoría de uso medicinal Ilsutración No 3. Que emplea la comunidad del Hatillo jurisdicción la Loma cabecera municipal de El Paso, Cesar, han venido siendo utilizadas desde tiempos atrás y cuentan con un amplio estudio sobre su efecto medicinal y sus principios activos.

Ilustración 2: Focus Group realizado en El Hatillo, Cesar, noviembre 6 de 2010
Fuente: Datos de campo

NOMBRE COMÚN	*NOMBRE CIENTIFICO*	*USO*	*PARTE UTILIZADA*	*FORMA DE PREPARACIÓN*
Flor escondida	Phyllanthus niruri linn.	Medicinal	Toda la planta	Decocción
Esponjilla	Lagenaria vulgaris	Aseo personal	Fruto	Crudo
Lirio	*Iris germanica*	Medicinal	Raíz	Decocción
Guayabita sabanera	*Psidium guajava l.*	Fruto y medicinal	Toda la planta	Decocción y cruda
Guáimaro	*Brosimun alicastrum swartz*	Medicinal	Fruto	Decocción
Bálsamo	Myroxylon toluiferum	Medicinal	Hoja	Decocción
Mamón	*Melicocca bijuga*	Medicinal	Fruto	Crudo
Mango	Mangifera indica l.	Medicinal	Fruto	Decocción y cruda
Guarumo	Cecropia peltata	Medicinal	Hoja	Decocción
Balsamina	Momordica charantia l.	Medicinal	Toda la planta	Decocción
Zarzaparrilla	Smilax sp.	Medicinal	Toda la planta	Decocción
Zabila	Aloe vera l.	Medicinal	Toda la planta	Crudo y decocción
Cedrón	Aloysia triphylla (l'her) britton	Medicinal	Toda la planta	Decocción
Llantén	Plantago major l.	Medicinal	Hoja	Decocción
Paico	Chenopodiun ambrosioides l.	Medicinal	Hoja	Decocción
Cola de caballo	Equisetum bogotense hbk.	Medicinal	Hoja	Decocción
Toronjil	Melissa officinalis l.	Medicinal	Hoja	Decocción
Caléndula	Calendula officinalio l.	Medicinal	Hoja	Decocción
Totumo	Crescentia cujete l.	Medicinal	Fruto	Decocción

Eucalipto	Eucalyptus camaldulensis dehn.	Medicinal	Hoja	Decocción
Guanábana	Anona muricata l	Medicinal	Fruto y la hoja	Decocción y crudo
Orégano	Origanun vulgare l.	Medicinal	Hoja	Decocción
Roble	Quercus robur l.	Madera	Tronco y ramas	Ebanistería
Achiote	*Bixa orellana*	Medicinal	Hojas	Crudo
Albahaca	Ocimun basilicum l.	Medicinal	Hojas	Decocción
Marañón	*Anacardium occidentale*	Medicinal	Fruto	Decocción
ngua de suegra	*Sanseviera trifasciata*	Medicinal	Hoja	Decocción
Guineo	*Musa sapientum*	Medicinal	Fruto	Crudo
Hierba buena	*Mentha sativa*	Medicinal	Hoja	Decocción
Guineo	*Musa sapientum*	Medicinal	Fruto	Crudo
Salvia	Salvia officinalis l.	Medicinal	Hoja	Decocción
Stevia	*Stevia rebaudiana*	Medicinal	Hoja	Decocción y crudo seco

Tabla 3: Clasificación etnobotánica aportada por las personas nativas la comunidad El Hatillo & Fonnegra (2007).

APLICACIÓN

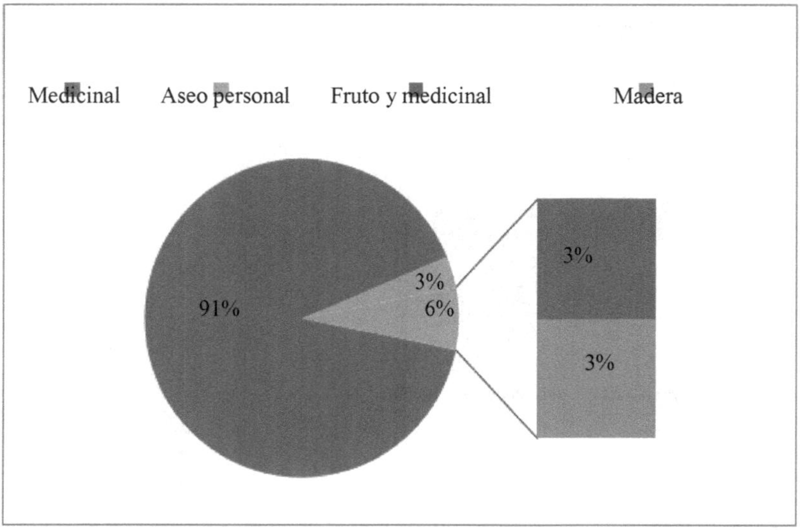

Ilustración 3: Usos Frecuentes de las plantas recolectadas en la vereda El Hatillo

De los datos obtenidos, de acuerdo a las técnicas de búsqueda de información en La Vereda el Hatillo, la parte más utilizada es la hoja con un 49%, debido a que en este segmento de la planta es donde se concentran en su mayor porcentaje las sustancias que se necesitan para hacer las preparaciones. Ilsutración No. 4. Dichas preparaciones se hacen en mayor parte de cocción, debido que el agua y el vapor hacen más fácil la obtención del extracto natural de la planta. Ilsutración. No. 5.

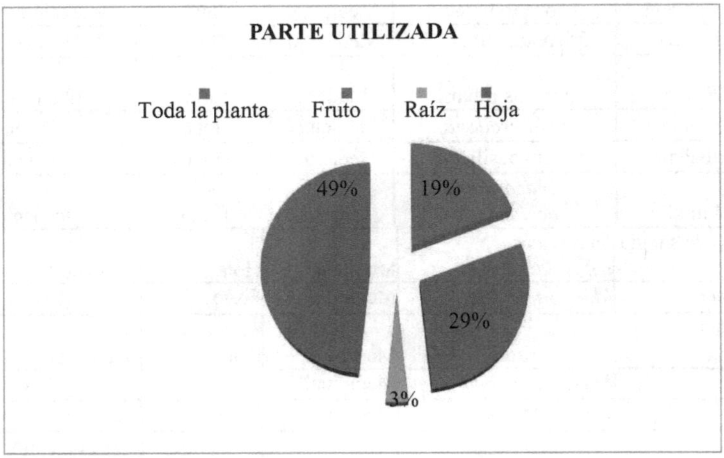

Ilustración 4: Partes de la planta utilizada para las preparaciones de la comunidad

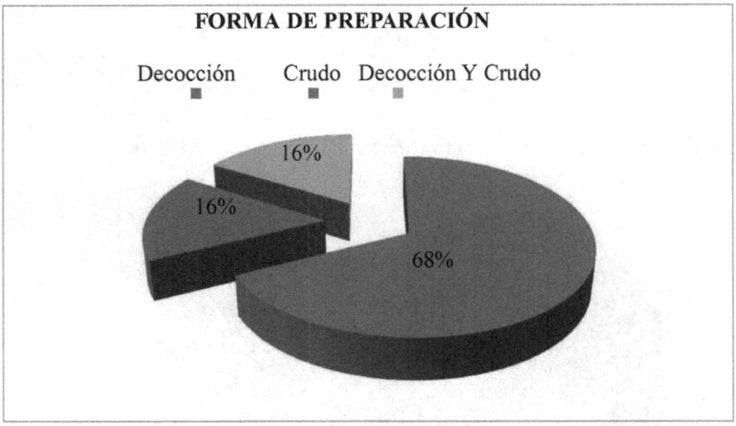

Ilustración 5: Forma de preparación utilizada por la comunidad del Hatillo.

PLANTAS DE USO FRECUENTES				
NOMBRE COMÚN	NOMBRE CIENTIFICO	USO	PARTE UTILIZADA	FORMA DE PREPARACI
Bálsamo	Myroxylon toluiferum	Medicinal	Hoja	Decocción
Guarumo	Cecropia peltata	Medicinal	Hoja	Decocción
Zarzaparrilla	Smilax sp.	Medicinal	Toda la planta	Decocción
Cidrón	Aloysia triphylla (l'her) britton	Medicinal	Toda la planta	Decocción
Llantén	Plantago major l.	Medicinal	Hoja	Decocción
Paico	Chenopodiun ambrosioides l.	Medicinal	Hoja	Decocción
Cola de caballo	Equisetum bogotense hbk.	Medicinal	Hoja	Decocción
Toronjil	Melissa officinalis l.	Medicinal	Hoja	Decocción
Caléndula	Caléndula officinalio l.	Medicinal	Hoja	Decocción
Totumo	Crescentia cujete l.	Medicinal	Fruto	Decocción
Eucalipto	Eucalyptus camaldulensis dehn.	Medicinal	Hoja	Decocción
Albahaca	Ocimun basilicum l.	Medicinal	Hojas	Decocción
Lengua de suegra	Sanseviera trifasciata	Medicinal	Hoja	Decocción
Hierba buena	Mentha sativa	Medicinal	Hoja	Decocción
Salvia	Salvia officinalis l.	Medicinal	Hoja	Decocción
Apio	Apium graveolens	Medicinal	Hoja	Decocción

Tabla 4: Plantas de uso Frecuentes recopiladas en vereda el Hatillo jurisdicción la loma cabecera municipal el Paso Cesar

Según la Calcificación dada a las plantas de usos frecuentes realizada en la vereda el hatillo, el uso más popular de estas es Medicinal con un 33%, la parte más utilizada es la Hoja 28%, y la forma de preparación más utilizada con una proporción de 33%. Ilsutración No.6 y en la tabla No.5 clasificación de usos, poco-frecuentes el uso más popular de estas es Medicinal con un 84%.

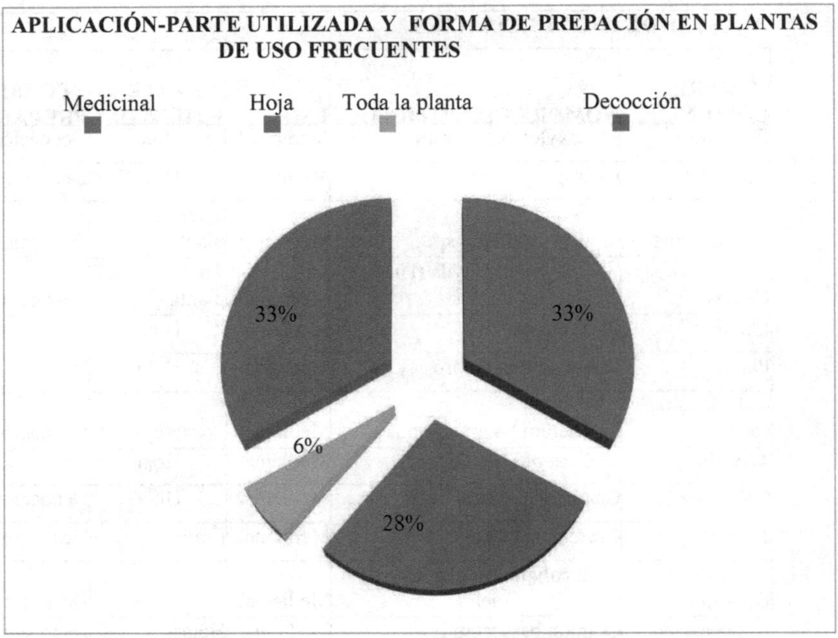

Ilustración 6: Aplicación -parte utilizada y forma de preparación en plantas de usos frecuentes

PLANTAS DE USO POCO – FRECUENTE				
NOMBRE COMÚN	NOMBRE CIENTIFICO	USO	PARTE UTILIZAD	FORMA DE PREPARACIÓ
Flor escondida	Phyllanthus niruri linn.	Medicinal	Toda la planta	Decocción
Esponjilla	Lagenaria vulgaris	Aseo personal	Fruto	Crudo
Lirio	Iris germanica	Medicinal	Raíz	Decocción
Guayabita sabanera	Psidium guajava l.	Fruto y medicinal	Toda la planta	Decocción y Cruda
Guáimaro	imun alicastrum swartz	Medicinal	Fruto	Decocción
Mamón	Melicocca bijuga	Medicinal	Fruto	Crudo

Mango	Mangifera indica l.	Medicinal	Fruto	Decocción y cruda
Balsamina	Momordica charantia l.	Medicinal	Toda la planta	Decocción
Zabila	Aloe vera l.	Medicinal	Toda la planta	Crudo y decocción
Achiote	Bixa orellana	Medicinal	Hojas	Crudo
Marañón	Anacardium occidentale	Medicinal	Fruto	Decocción
Guineo	Musa sapientum	Medicinal	Fruto	Crudo
Stevia	Stevia rebaudiana	Medicinal	Hoja	Decocción

Tabla 5: Plantas de uso poco - Frecuentes recopiladas en vereda el Hatillo jurisdicción la Loma cabecera municipal el Paso Cesar

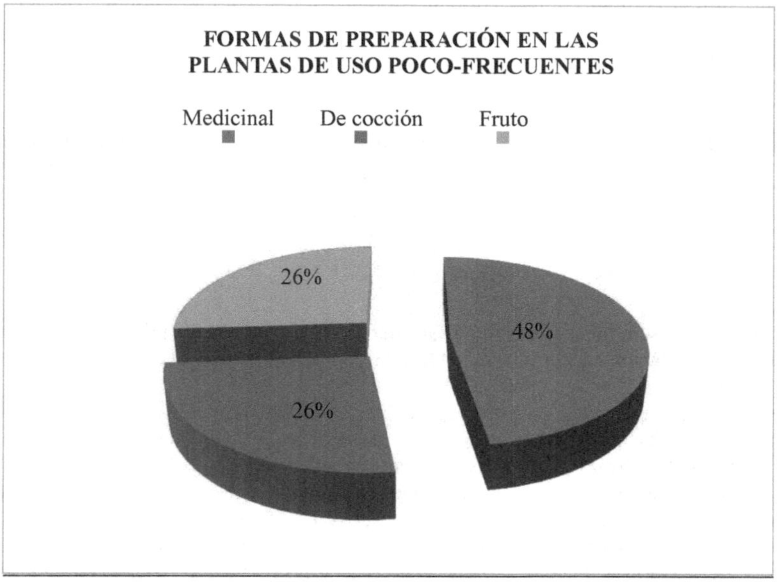

Ilustración 7: Forma de preparación en las plantas de uso poco-frecuentes

LAS COSAS QUE COMÍAN, LAS QUE SEMBRABAN Y CULTIVABAN

Según relata el señor Rumaldo Parra, el último de los hermanos Parra que queda vivo, el Hatillo…" era toda montaña, pura montaña inmensa. En tiempo de invierno, era tire pa allá, tire pa acá…"

En ese entonces era cazadores. El señor Rumaldo Parra dice "Uff, como no. Casábamos venados, eso se acabó; y armadillos…" También eran pescadores antes y como el mismo cuenta" Uff, cuando habían pescados… Frente a la pesca el señor Candelario nos dice:"Uno llegaba allá a la orilla y tiraba un mantazo en la orilla del rio y tenía que llamar dos o tres pa poder jalar la atarralla acá a la playa, eran 200 o 300 pescados de así de este grande", señalando con su mano hasta más arriba del codo.

La señora Ana cuenta "Yo taba contando que nosotros tamos pasando cosas pero antes; no, nosotros nos criamos pisando la comida. Se veía el galápago, las tortugas, aquí había comida de todo, en cambio ahora ya no ya todo eso se acabó. Había más animales porque había masa monte, si tiene que ser. La carne no hacía falta e la casa, pa tener la liga".

El señor Candelario relata cómo se quemaban los montes:" Si, acabaron con el monte. Había micos…".Su esposa cuenta que "aquí había hasta tigre. También tenían hasta cabuya, plátano y todo lo de comida…"

El señor Rumaldo cuenta que "las gallinas y los marranos nunca faltaban".

LOS TRABAJOS DE LAS MUJERES

La señora Ana dice que "eran amas de casa, que criaban los hijos y que iban a lavar a un cañito de agua limpia, un manantial, era agua limpiecita, por allá por la Palmera. Pero la Palmera les daño el cañito de agua dulce".

La esposa del señor Candelario relata que cuando era jovencita, ella iba a lavar con sus hijas y en el rio, las sabanas se manchaban de negro con las piedras. Ella les decía que "eso era carbón y vea que ahora el Hatillo se va porque hay carbón"

Los conflictos internos de la comunidad

En el presente existen muchos conflictos al interior de la comunidad, evidenciados en la medida que se entra en relación más profunda con la gente.

Existen liderazgos muy negativos que reproducen las formas tradicionales de hacer política y la organización. Frente a estos hay muy poca reacción de la comunidad, existen miedos y una aprobación ante las formas camufladas para tener callada la comunidad "La gente le debe muchos favores a ellos" y se dice con mucho temor que hay formas de amenazar y presionar el silencio.
Así lo expresa muy desconsoladamente la esposa del señor Candelario Parra a quien les asesinaron su hijo menor hace poco tiempo, el único estudiado y que tenía una vinculación laboral:" me mataron a mi hijo… salió de la mina y no ha vuelto más…".Es muy difícil este relato porque aún no superan su muerte, era el que les ayudaba económicamente.

"Hace seis meses… me lo mataron. Salió de la mina, el trabajaba en Caribe, acabando de salir del trabajo no me lo dejaron llegar a la casa. Ya sabemos todo… quien lo mando a matar..."

Es evidente por todos los testimonios que en el Hatillo hay un conflicto desde siempre por la tierra. El conflicto se ha dado desde que empezó a llegar gente nueva hace más o menos 30 años. Alguna de la gente que llego en ese tiempo se ha ido apoderando de toda la dinámica en el Hatillo. El señor Candelario relata:" Si, una envidia. La persona que lo mando a matar, no necesitando de eso, porque un tipo que tenga posibilidades…"

Su madre dice "Me lo mataron inocentemente….Las personas que compraron las comunales; es el señor Oscar Fernández…"

El señor Candelario dice que "Por allá le fueron vendiendo…pedacitos…Lo mataron por oponerse a esto, por el defender esa tierra. Él lo quería es que yo le vendiera aquella de allá mía, pero como voy a vender yo…"

SOBRE EL REASENTAMIENTO DEL HATILLO

En general las personas más anciana del Hatillo, los nietos e hijos quienes fundaron el Hatillo, se encuentran en unas condiciones de mucha soledad y pobreza diferencia de la personas de edad de otras comunidades que son muy valoradas por su sabiduría y aportes la comunidad y aportes a la comunidad y los nombran patriarcas y matriarcas. Ilsutración No.8

El señor Cecilio" El abuelo", pocas veces sale del lugar donde vive y aunque de vez en cuando lo visitan a le llevan algo de comer porque de resto él se mantiene con lo que tiene sembrado y cocina, el dice que vive así para evitar los problemas que hay en el Hatillo. Ilsutración No.9

Ilustración 8: Tienda de la vereda el hatillo

En muy escasas ocasiones se visitan entre hermanos como el mismo lo dice "Yo de aquí salgo muy poco, voy allá donde Candelario, o el viene aquí a mi lugar y así, pero muy poco…"

Estas personas mujeres y hombres, no entienden mucho eso de que el Hatillo se va a y frente a esto expresan:

El señor Cecilio Parra dice:" Pues el salir yo de aquí pa otra tierra pues no me puedo sentir bien. Yo aquí desde que me puse aquí he tenido pérdidas, pero no ha tenido sucesos con nadie, ha vivido tranquilo aquí, acompañado y ahora solo, vivo tranquilo…eso…son el sembrado mío; lo traje y lo sembré ahí".

El señor Rumaldo Parra expresa: "Si yo me quedo en la loma ah, y que voy a ser solo allá".

El señor Manuel Imbreth y la señora Ana manifiestan:"Nosotros vamos pa onde nos echen. Pa onde se vaya el Hatillo. Y si nos echan, nosotros no salimos. Es que nosotros no salimos si la cosa no funciona como es debido. Es que si yo veo

Ilustración 9: Rutas de acceso de la vereda el hatillo

"una cosa que no es debida, yo no me voy, cuando me voy a ir yo de aquí. Así me maten con lo de la tierra..."

"La señora Ana se atreve decir después de pensarlo:" A uno le duele salir..."Y el señor Manuel complementa:" Porque uno esta amañado aquí. Aquí nació, creció y envejeció".

El señor Candelario Parra dice" A mí que me den un lugar al lado del cementerio de la loma porque ya yo me voy a morir".

CONCLUSIONES Y RECOMENDACIONES

Se concluye que los procesos de investigación de semilleros son una herramienta de acceso a la frontera del conocimiento científico, sobre todo en una región en la que es muy pobre el desempeño de investigación en cualquier área.

La etnobotánica es una rama de las ciencias sociales que se enfoca en la relación sabiduría popular y uso específico de las plantas, es importante que en el Cesar, este tipo de estudios avancen en pos de preservar el patrimonio cultural, social y ecológico de los variados ecosistemas que existen a lo largo y ancho del territorio.

Por lo tanto, el aporte de esta investigación es pionero de procesos de investigación en zonas mineras del departamento del Cesar, hecho de manera interdisciplinaria por estudiantes de Ingeniería de Minas, en el que se demostró que los ingenieros Areandinos son más que meros expertos en procesos de explotación minera sino que además tienen visión interdisciplinaria de los procesos extra ingenieriles que son productos del impacto de los procesos típicos de la minería a cielo abierto.

El proyecto es inspirado en los fervientes deseos de PABLO OLIVERO MARMOLEJO quien siempre busco que las actividades y pertinencia de la investigación tocara procesos cruciales dentro del que hacer y del vivir de las sociedades Colombianas. Con los resultados del proyecto se evidencia de que el corredor minero está sujeto a las conveniencias del mercado y no de una planeación local con miras al pensamiento la organización y un alto desarrollo sostenible; en un momento en que las regalías asido diseminada por todo el territorio nacional en el que su aseguramiento promueve la competencia por estos jugosos recursos es importante que se analice como la sociedad cesarense que vive en las cercanías en los complejos de explotación carbonífera en el centro del departamento aun no tienen la capacidad crítica de participar en la creación de una agenda de análisis en el que el tema ambiental y ecológico salga beneficiado con ideas planes o proyectos a la altura de la problemática actual que se vive.

El fenómeno que se vive en la vereda el hatillo con un proceso de reasentamiento, en el que una comunidad étnica mente especial como son los afrocolombianos demuestra que las diferentes vertientes de la investigación deben profundizar más las raíces en esta área territorial; es importante destacar que esta comunidad rural esta intima mente ligada con sus tradiciones etnobotánicos en las que resalta los procesos agropecuarios, pesqueros, medicinales y ornamentales.

BIBLIOGRAFÍA

[1] GERRALD Marten. Que es la ecología humana. Capitulo No. 1. año 2009.

[2] URIE Bronfenbrenner. La ecología del desarrollo humano. año 2002.

[3] CLARA Inés Mazo López. Historia de la vereda El Hatillo. Julio 27 del 2008.

[4] FOWLER & HURREL. Las posibilidades de la etnobotánica y un nuevo enfoque a partir de la ecología y su propuesta cibernética. 1970.

[5] CLARA Inés Mazo López. Historia de la vereda El Hatillo. Julio 27 del 2008

[6] Fonnegra. R, 2007, Plantas medicinales aprobadas en Colombia, Universidad de Antioquia, 368 p.

[7] Fowler. Las posibilidades de la etnobotánica y un nuevo enfoque a partir de la ecología y su propuesta cibernética. 1970.

[8] M. Pardo de Santayana, J. Tardio, R. Morales, M. Molina & L, Aceituno. Estudios etnobotanicos en el centro y norte de la península Ibérica: Método de estudio y evaluación. 2004.

[9] Manco. D & Carreño. A. Estudio etnobotánico sobre plantas medicinales en la vereda el hatillo, la loma (el paso), departamento del cesar.2012

[10] Mulet, L. Estudio etnobotánicos en la provincia de Castellon. *Natura Medicatrix 37-38:22-29 año 1995* ;Martin, G. J., Hoare ,A.L & Posey, D.A 1996. The discussion focuse on how to recognize the intellectual contribution of local people. People end plant Woeking Paper 2, UNESCO, Paris; Sharma, H.K., Chhangte,L. & Dolui, K.Traditional medicinal plants in Mizoran, India. Fitoterapia 72:146-161 año 2001.

[11] Sampieri. "Agua que (no) has de beber...": Categorías perceptuales, representaciones y prácticas en relación con las fuentes de agua de una comunidad toba (qom) del Impenetrable chaqueño. 2003.

[12] Sanchez, M. & Miraña. 1991. Utilizacion de la vegetacion arborea en el medio caqueta: 1. El arbol dentro de la unidad de tierra, un recurso para la comunidad Miraña. Colombia Amazonicas 5 (2): 69-98.

SITIOS WED REVISADOS

http://amazonas.rsd.org.co/libros/28/28000007.htm [cecropia scbrebiana, gompbrena globosa, lippia alba, paparomia pellucida, petiveria allicea, turneria ulmifolia]

http://www.webcolombia.com/plantascurativas http://www.tropilab.com
htpp://plantamed.hpg.ig.com.br/index.html

ANEXOS

Anexo 1: Escuela de la vereda el Hatillo

Anexo 2: Acueducto de la vereda el hatillo

Anexo 3: Ganadería de la vereda el Hatillo

Anexo 4: Parque de recreación de la vereda el Hatillo

Anexo 5: Estado físico de las vías principales de la Vereda el Hatillo

Anexo 6: Estado físico de las casas de la vereda el hatillo

Anexo 7: Botadero de la mina visto de la vereda el Hatillo

Anexo 8: Diferentes tonalidades que adopta el agua en la vereda el Hatillo.

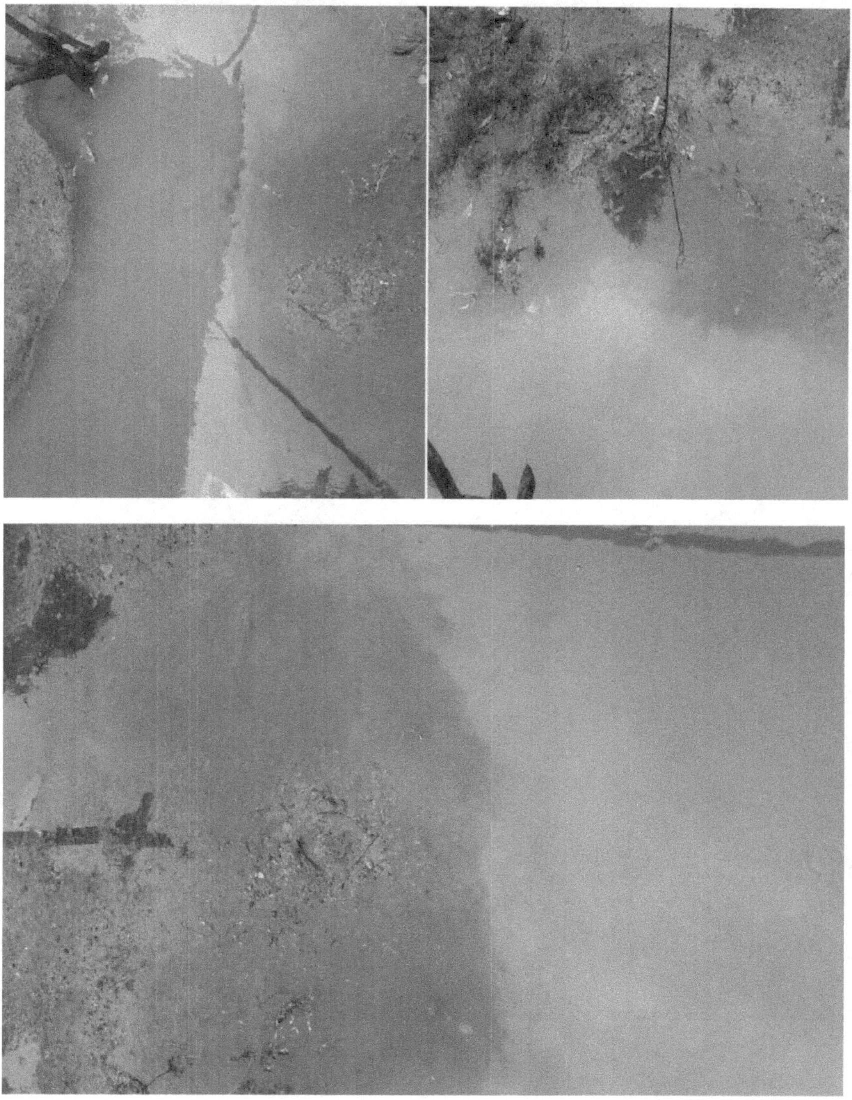

Anexo 9: Diferentes tonalidades que adopta el suelo en la vereda el Hatillo

Anexo 10: Servicio de luz en la vereda de el Hatillo

FSC
www.fsc.org
MIX
Papier | Fördert gute Waldnutzung
FSC® C083411

Kolibri 360 GmbH
Ferdinand-Jühlke-Straße 7
99095 Erfurt, Deutschland
produktsicherheit@kolibri360.de

Druck:
CPI Druckdienstleistungen GmbH
im Auftrag der
Kolibri 360 GmbH
Ferdinand-Jühlke-Str. 7
99095 Erfurt